DAÑOS IRREVERSIBLES POR LA TECNOLOGÍA

Impacto de la tecnología en nuestra vida

Juan Manuel Dionisio

JMD

 JMD

Copyright © 2021 Juan Manuel Dionisio

All rights reserved

No part of this book may be reproduced, or stored in a retrieval system, or transmitted in any form or by any means, electronic, mechanical, photocopying, recording, or otherwise, without express written permission of the author.

PREFACIO

El descubrimiento del fuego tuvo el impacto de cambiar nuestro cuerpo simplificando procesos metabólicos y permitiendo la evolución.

Por falta de atencion o de nuestra apresurada vida no hemos notado los daños que ha provocado el uso de las nuevas tecnologias teniendo la influencia de limitar o terminar nuestras vidas por su uso excesivo.

CONTENTS

Title Page	1
Copyright	2
Prefacio	3
Antecedentes	7
Origen de estos padecimientos	9
Enfermedades detectadas	13
Padecimientos sociales	21
Un buen uso…	25
	27
Conclusión	
Referencias	29
	31
Referencia Bibliográfica del Libro	

ANTECEDENTES

Desde la invención de la tecnología nos permitió poder realizar actividades desde nuestros dispositivos móviles o computadoras la cual no teníamos acceso en años anteriores.

La comunicación es un ejemplo de como podemos compartir una idea por todo el mundo.

El descubrimiento del fuego tuvo este impacto en nuestro cuerpo ya que se pudieron simplificar procesos metabólicos y con eso permitir la evolución.

El uso excesivo de estas nuevas tecnologías ha creado nuevos padecimientos ligados a nuestra postura, sistema nervios central y sentidos del cuerpo hasta llegar al limite de tener la posibilidad de perder nuestra
relación con nuestro entorno.

ORIGEN DE ESTOS PADECIMIENTOS

*La relacion entre la tecnología
y nuestro cuerpo*

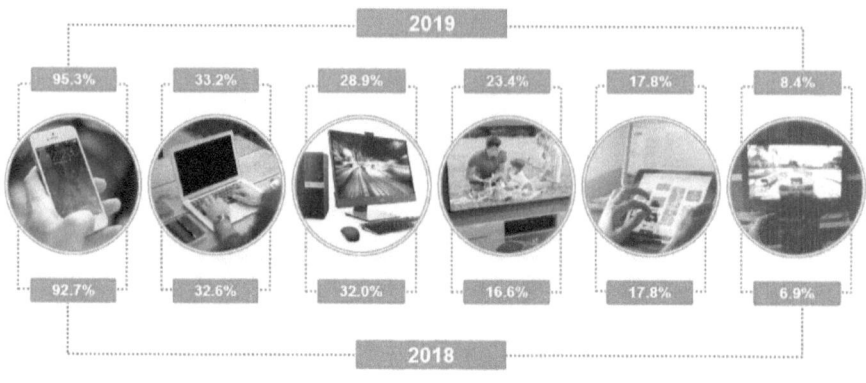

Nota: Los usuarios pueden utilizar más de un equipo para conectarse a internet

El acceso a la tecnología a nuestras vidas dio como resultado la creación de varios padecimientos que tal vez los desconocemos por un sinfín de distracciones o bien por falta de tiempo.

Aproximadamente se ejecutan 12,000 y 33,000 movimientos de cabeza frente al ordenador, nuestras pupilas reaccionan 4,000 a 17,000 veces y se ejecutan 30,000 pulsaciones al teclado estas cifras demuestran como nuestra salud esta correlacionada directamente con el uso de esta. (Salud, 2016)

México cuenta con 80.5 millones de usuarios de internet que representa el 70.1 % y 86.5 millones en telefonía celular. (INEGI, 2019)

Los principales problemas que los usuarios tienen al navegar por internet son los siguientes;

40.4 millones experimentan lentitud en la trasferencia de la información.

31.1 millones de usuarios presentan interrupciones en el servicio.

2.5 millones han experimentado violación a la privacidad.

10.6 millones de usuarios son infectados por virus.

ENFERMEDADES DETECTADAS

Degradación de la visión

La computadora, así como los Smartphone entre otros aparatos tecnológicos necesitan un medio de interacción, Como es la pantalla.

Se ha comprobado bajo experimentos en laboratorios que el uso excesivo de alguna pantalla puede llevar a la disminución de la visión principalmente por **Miopía "Problema para ver de lejos"** sin embargo es notorio que una gran parte de los estudiantes terminen sus estudios con un problema de vista, ¿Cuánto es el tiempo conveniente para evitar estos problemas? Al hacer experimentos con ratones se comprueba que **el tiempo de exposición seria de mínimo de 2 horas al día.**

Postura corporal

Al momento de iniciar sesión en nuestra computadora, no es visible para nosotros, pero nuestra postura cambia con forme pasa el tiempo al llegar hacer perjudicial para nuestra salud.

Los problemas relacionados con la postura frente al ordenador son cada vez más frecuentes, sin embargo, aunque el diseño cambie de equipos de cómputo no han sido innovados para mantener una correcta postura frente a las mismos.

Es común ver en imágenes o promocionales una persona acostada frente a una computadora lo cual nos da un ejemplo de mal uso sin embargo el desarrollo de estos padecimientos puede desarrollar las siguientes patologías;

Dorsalgia: Dolor en la parte del dorso de la columna por falta de apoyo de una silla ergonómica.
Cervicalgia: Dolor en la parte del cervicales de la columna por falta de movilidad algunos síntomas pueden ser mareos o falta de

equilibrio.

Cifosis: Dolor en la curvatura de la espalda por tiempos excesivos sin apoyo lumbar.

Torticolis: Inflamación de los nervios cervicales por adopción de una postura incorrecta de la columna al dormir o estar frente a la computadora.

Epicondilitis: Inflamación del tendón ubicado en el codo (Epicóndilo) "Conocido como CODO DEL TENISTA"

Uno de los mejores medios para prevenir estas lesiones es recordar formar ángulos de 90° de rodillas, caderas y codos además de mantener el monitor a la altura de la vista.

Sistema nervioso

El daño de en nuestro cerebro puede desarrollar trastornos de sueño y habilidades cognoscitivas.

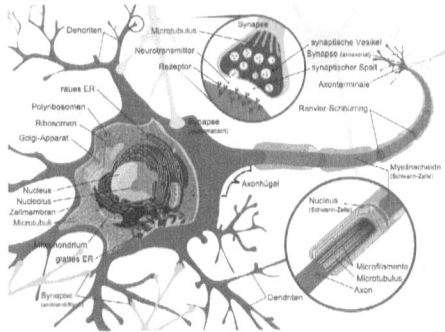

La exposición a pantallas de dispositivos tecnológicos fomenta la pérdida del sueño afectando por más tiempo a jóvenes ya que la luz que emiten las pantallas crea la hormona melatonina la cual altera los ciclos de sueño y con ello afecta el rendimiento diario del cuerpo.

Desde nuestra palma de la mano tenemos acceso a un sinfín de herramientas como cámara, block de notas y navegación desde cierto punto que se instaló la herramienta de calculadora se notó una disminución en la capacidad para realizar calculo mental, pero se han integrado aplicaciones como you tube y Instagram las cuales tienen una relación directa con la pérdida de memoria del trabajo así mismo la atención se ve afectada por estos mismos dispositivos.

Otro de los sistemas que se ven afectado y más primordial de nuestro cuerpo como lo es el cerebro, pero ¿Por qué?...

Se han hecho estudios que, al realizar la compra de actualizaciones o complementos, así como el uso excesivo de alguna aplicación han mostrado efectos que se pueden comparar con las adicciones.

Algunos síntomas de esta adicción pueden ser las búsquedas de placer **(Es el hecho de repetir una acción solo para sentir bienestar al repetirla)**, hay un cambio en los intereses del sujeto como puede ser la falta de importancia para la familia u obligaciones, Los cambios en la conducta es otro de los síntomas ya afecta la percepción de la realidad así como la capacidad de afrontar alguna situación, La ansiedad es uno de los últimos síntomas ya que destruye la independencia de la persona provocando sensaciones de angustia por la falta de contacto con el dispositivo o bien replicar una acción hasta llegar a la muerte.

Esta ansiedad nos lleva a la siguiente enfermedad.

Nomofobia

Quizás muchos de nosotros en algún momento hemos sentido una vibración en nuestro bolsillo o bien sentir la sensación que hemos recibido algún mensaje lo cual nos lleva a buscar el dispositivo móvil.

Este padecimiento puedes también ser referido como el síndrome de **la llamada fantasma** y no solo se puede presentar con sentir una vibración también escuchar el timbre de llamada las vibraciones que emite los dispositivos forman un condicionamiento para nuestra conducta diaria por lo que tenemos esta reacción sin embargo no se ha estudiado la relación con problemas Psiquiátricos como una señal de alarma por el posible desarrollo de una esquizofrenia.

Cáncer

A mediados del 2011 se dio a conocer **la investigación de la Mobile Manufacturers Forum** que agrupa a compañías importantes de telefonía móvil los cuales declaran que no hay una relación comprobable entre el uso de teléfono celular y el cáncer.

Existen dos tipos de radiación electromagnética estos dos tipos son la ionizante y no ionizante.

Ionizante: son los utilizados para rayos x y rayos cósmicos.
No ionizantes: seria la radio frecuencia y la frecuencia de electricidad

La IARC o **Agencia internacional de investigación del cáncer** menciona que no se ha encontrado vínculos entre los teléfonos celulares y el cáncer destacan que, aunque no exista una relación no sería significativa para poder emitir una conclusión definitiva sin embargo hay que destacar que otro miembro de la AIRC señala la realización de un estudio a largo plazo.

Pero IARC señala que si existe la posibilidad que los campos electromagnéticos que emiten los dispositivos **"Son posiblemente cancerígenos para el ser humano"**.

En el 2004 se notifica que el uso excesivo del teléfono celular desarrolla un tipo específico de glioma para personas que utilizan el dispositivo por más de 30 minutos.

Otro estudio en **Europa "Interphone"** muestra una tendencia mayor a padecer neuroma acústico por la utilización de teléfono celular por más de 10 años.

La IARC dispone que el riesgo de sufrir un padecimiento en el sistema nervioso central es la misma para una persona que utiliza el dispositivo por tiempo prolongado que otra persona que no lo utilce por demasiado tiempo.

Christopher Wild expone que las medidas a seguir para limitar la exposición seria utilizar dispositivos de manos libres y la mensajería de texto.

Infertilidad

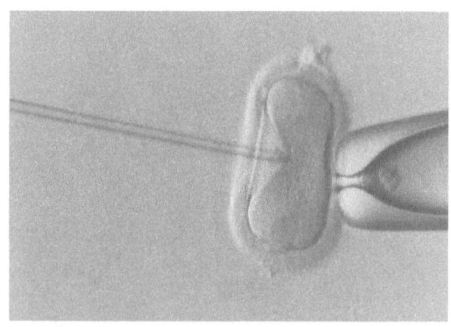

La mayoría de los hombres traemos el teléfono celular en el bolsillo o bien colocamos la computadora en nuestras piernas sin embargo investigaciones han demostrado que existe evidencia que el esperma pueda sufrir daño en la movilidad, así como en la información genética, la causa que provoca este resultado son los campos electromagnéticos la OMS ya designo como un factor 2B de carcinógeno.

La relación entre la perdida de esperma por calor está plenamente demostrada ya que la mayoría de los dispositivos electrónicos se calientan y pueden ocasionar este daño.

Hay que mencionar que existen otros factores de infertilidad que corresponden a un 40% de posibilidades lo que hay sugerir es no llevar el teléfono celular en el pantalón, así como no dormir cerca de el o mantener una conversación mientras se carga el dispositivo.

Audición

Muchas personas no demostramos algún síntoma de la pérdida de audición, Por lo que la doctora María mejía recomienda hacer un examen auditivo cada año para revelar problemas de sordera, El estilo de vida se ve afectado por la dificultad de entablar relaciones sociales, así como problemas en la memoria y demencia senil.

El 3 de marzo es considerado el día mundial de la audición, el doctor Rosas peña establece que se puede sufrir de **pérdida de audición prematura de 30 años por exposición al ruido y música en alto volumen.**

El ruido o sonido se mide en decibeles por lo que se divide en la siguiente clasificación.

85 decibeles por 8 horas.
90 decibeles por 4 horas.
100 decibeles por 15 minutos.

Lo recomendable es mantener el volumen a 60 decibeles ya que si superan 80 decibeles hay riesgo de alteraciones en el órgano auditivo.

PADECIMIENTOS SOCIALES

Los padecimientos mas comunes son problemas en la comunicación, así como de ansiedad o dependencia del mismo dispositivo por lo que repetir estos temas seria algo recurrentes explicaremos nuevos padecimientos como son los siguientes. (ec, 2016)

Vamping

Es la práctica de utilizar algún dispositivo tecnológico antes de conciliar el sueño ocasiona **la reducción de horas de sueño** y con ello presentar síntomas de insomnio.
Originalmente se le denomino por la acción de las personas al mandar mensajes de texto por la noche.

La causa proviene de la luz azul que emiten las pantallas evitando la segregación de la hormona melatonina con la función de regular los ciclos de sueño y satisfacción en el cuerpo.

Pero no solo existen estas consecuencias ya que la falta de producción de esta hormona se relaciona con Alzheimer, Diabetes, TDAH y Fibromialgia sin embargo existen medias a tomar como evitar alguna exposición a dispositivos electrónicos durante de tres horas antes de ir a dormir.

Redes Sociales

Padecimientos psicológicos han aparecido por el uso a las redes sociales entre algunas de las más importantes serian **Depresión, Sensación de estar perdido, Miedo a perderse algo** entre otros padecimientos.

En este momento no existen investigaciones que demuestren la relación estadística por la adicción a redes sociales sin embargo el uso excesivo de las mismas crea respuestas negativas con un uso mayor a 9 horas.

El estudio de dos universidades como la de florida central y Stetso (EE. UU.) analizo que **el uso excesivo de estas mismas redes sociales provoco en jóvenes una falta de empatía y creación de ideas suicidas.**

Vaguebooking

Acción en la cual una persona publica o bien demuestra un mensaje perturbador o poco claro con intención de suicidio o aislamiento.

Hikikomoris

En los años 90 no se reconocían a la anorexia y bulimia como problemas en la salud mental de la población sin embargo su incremento propicio el estudio de estos.

Los Hikikomoris conocidos como un fenómeno iniciado en Japón el cual propicia a un joven a quedar aislado del mundo en su cuarto originado por la expectativa de los padres para con sus hijos y una vez que el joven no cumple con la expectativa prevista de realización personal se resigna y aísla.

Estos padecimientos ya son notorios en América latina, así como afirman especialistas que pudiera ser el inicio de una nueva epidemia.

UN BUEN USO...

Un buen uso...

1. Colocar la pantalla de la computadora o dispositivo móvil a la altura de la vista a distancia de los brazos, utilizar filtros de luz azul y recordar parpadear.

2. Mantener un Angulo de 90° en caderas, brazos y rodillas.

3. No utilizar dispositivos electrónicos antes de dormir o dormir cerca de ellos.

4. Evitar utilizar dispositivos electrónicos al momento de cargar su energía.

5. No colocar dispositivos móviles cerca de los genitales para los hombres.

6. No aumentar el sonido de los auriculares a mas del 60% de su capacidad esta limitada en dispositivos actuales.

7. Controlar la exposición a redes sociales.

8. Estar consciente del entorno que los rodea, así como el cuando y donde utilizar los dispositivos tecnológicos.

9. Desconexión del dispositivo móvil para evitar dependencia.

10. Fomentar las relaciones sociales físicas

CONCLUSIÓN

"La tecnología no tuvo la intensión de ser creada para nuestro daño, pero si como herramienta de nuestra vida diaria nuestro mal aprendizaje nos llevó a no controlarla"

JMD

REFERENCIAS

Chaparro, L. (25 de 05 de 2018). El rol de las redes sociales en la salud mental. Ciudad de México, N/A, N/A.

ec, u. (12 de 07 de 2016). 6 enfermedades provocadas por el uso excesivo de la tecnología. N/A, N/A, N/A.

IMSS. (26 de 05 de 2018). El ruido constante y uso de audífonos pueden ocasionar pérdida auditiva, advierte IMSS. Ciudad de México, N/A, N/A.

INEGI. (0 de 0 de 2019). Encuesta Nacional sobre Disponibilidad y Uso de Tecnologías de la Información en los Hogares. Ciudad de México, Ciudad de México, México.

Salud, G. d. (03 de 08 de 2016). Enfermedades Tecnologicas. Estado de Mexico C.P.50150, Toluca, Col. vertice.

REFERENCIA BIBLIOGRÁFICA DEL LIBRO

Dionisio, J.M. (2021). Daños Irreversibles por la Tecnología: Impacto de la tecnología en nuestra vida, (1ª ed.) Estado de México: JMD

www.ingramcontent.com/pod-product-compliance
Lightning Source LLC
Chambersburg PA
CBHW031517210526
45464CB00007B/2955